坏习惯改不掉，怎么办？

如何纠正不良行为

What to Do When Bad Habits Take Hold

A Kid's Guide to Overcoming Nail Biting and More

[美] 道恩 · 许布纳（Dawn Huebner） 著
[美] 邦妮 · 马修斯（Bonnie Matthews） 绘
汪小英 译

化学工业出版社
· 北 京 ·

What to Do When Bad Habits Take Hold: A Kid's Guide to Overcoming Nail Biting and More, the first edition by Dawn Huebner; illustrated by Bonnie Matthews.
ISBN 978-1-4338-0383-3

北京市版权局著作权合同登记号：01-2024-5546

图书在版编目（CIP）数据

坏习惯改不掉，怎么办？ ： 如何纠正不良行为 / （美）道恩·许布纳（Dawn Huebner）著 ； （美）邦妮·马修斯（Bonnie Matthews）绘 ； 汪小英译. -- 北京 ： 化学工业出版社， 2025. 2. --（美国心理学会儿童情绪管理读物）. -- ISBN 978-7-122-46897-0

Ⅰ. B842.6-49

中国国家版本馆 CIP 数据核字第 2024FT2876 号

责任编辑：郝付云　肖志明　　　装帧设计：大千妙象
责任校对：赵懿桐

出版发行：化学工业出版社（北京市东城区青年湖南街13号　邮政编码100011）
印　　装：北京新华印刷有限公司
787mm×1092mm 1/16　印张$4^3/_4$　字数45千字　2025年5月北京第1版第1次印刷

购书咨询：010-64518888　　售后服务：010-64518899
网　　址：http://www.cip.com.cn
凡购买本书，如有缺损质量问题，本社销售中心负责调换。

定　价：29.80元

目　录

写给父母的话

不要啃指甲！

不要挖鼻孔！

不要抠皮肤！

不要揪头发！

不要咬衣角！

不要揪眼睫毛！

不要吮吸拇指！

是不是很烦？

实际上，您一直在不断地提醒孩子，甚至恩威并施，奖励他或者惩罚他。无论您是心平气和地劝诫他，还是声色俱厉地训斥他，抑或是保持沉默不管他，全都不管用。

我们知道，改变一个坏习惯是很难的，您想想看，如何控制自己不再多吃一块饼干，您就能理解孩子了。所以不要再对孩子发脾气，也不要沉默不语。改掉坏习惯需要决心和努力，而且，即使有决心和努力，做起来也很困难。

对成年人来说都很难的事情，对孩子也是一样。那些啃指甲、咬衣角，吮吸拇指的孩子好像就是无法停止自己的坏习惯，虽然他们也很想改掉，但就是改不了。

您也知道，这些习惯对孩子来说会引发很多问题：皮肤会出血，而且很疼；头皮可能会出现斑秃、裂伤；蚊虫叮咬的皮肤被抠破了会感染细菌；指甲也被啃坏了；头发打结乱成一团。尽管身体会受到损害，感觉疼痛，他们还是停不下来，挖鼻孔、啃指甲等这些已经成了自动化行为。他们已经养成了坏习惯，难怪停不下来。

所以这本书不是告诉您如何停止坏习惯。书中也没有提到意志力，一次也没有。相反，本书的重点是解开坏习惯绑着孩子的锁链，从而帮助孩子摆脱坏习惯。

《坏习惯改不掉，怎么办？》用钥匙解锁的形式给孩子讲解了一些方法，这些方法科学有效。本书的语言和讲述方式也精彩有趣，易学易用。

孩子在攻克这个艰巨任务的过程中，家长可以跟孩子一起看这本书，每次读1~2章就可以，然后按照书中的提示完成所有的练习。这些练习会加深孩子的理解，帮助他们完成从认知到行为的过渡。此外，本书清楚地讲解了实践的方法，而且用奖励机制帮助孩子完成改变的过程。

要多鼓励孩子在生活和学习中运用学到的方法。这种鼓励并不是夸奖他的指甲长得多好，或者皮肤多光洁。坚持用这些方法，持续使用摆脱坏习惯的策略才是关键，尤其是在初期阶段。

很少有证据证明，本书提到的习惯指向深层的情感问题。咬指甲、吃手指或者揪头发的孩子通常并不比别的孩子压力大，尽管他们似乎需要用习惯的身体动作来调节内心的状态，这些习惯能够帮助他们平静下来。虽然这些习惯会引起您的担心，但是却并不意味着孩子正遭受情感困扰。

这并不是说有坏习惯的孩子就没有问题。如果您注意到孩子有紧张不安的迹象，比如经常焦虑、完美主义、情绪失控或者失眠，那他可能需要额外的帮助。这个系列还有其他几本书，它们可以帮助孩子学习更有效地管理情绪、处理问题。但是，假如这些问题已经严重影响了孩子的生活，就需要跟专业的心理咨询师联系，决定是否需要专业的帮助。

如果孩子使用了某种锋利的器具，或者是他的习惯让您十分担忧，请立即寻求医生的帮助。如果他的某些习惯让您觉得不正常，如耸肩、清嗓子或

者做鬼脸，您就要去找医生谈一谈，确定这个习惯是否属于肌肉抽搐。童年时期抽搐很常见，一般在特殊场合才需要纠正。这本书里介绍的方法并不能用来治疗肌肉抽搐。

如果孩子有一些常见的习惯，比如说啃指甲、卷头发、抠伤疤，又或者咬衣角、挖鼻孔等，那您选这本书就对了。只要您带着孩子反复运用书中的方法，就能帮助孩子完成某些看起来不可能完成的任务，那就是帮助他们摆脱了坏习惯。

您是不是早就厌烦了说“不要……”呢？今后，您再也不用这样说了。

开　始

还记得你很小的时候吗？比如，你刚学走路或者刚学说话的时候是什么样子的？那时，这个世界看起来是那么大，令人害怕。几乎所有的事情你都做不了，哪怕你很努力也办不到。

你不会系鞋带。

你不会写自己的名字。

你不会拿勺子吃饭。

这些事情对你来说太难了，而且这种情况似乎持续了很久很久。

但是，你开始学习了。你学会了用勺子吃东西，学会了走路、说话、刷牙，学会了系鞋带、写名字、计算，甚至还学会了打响指。

你样样都得学，甚至都数不清学了多少件事情。可是，你一步一步都学会了。

对你来说，洗手曾经是件难以应付的事情。洗手有很多步骤：打开水龙头，然后往手上抹点香皂，双手搓出泡沫，再冲洗干净。现在，这对你来说轻而易举，你连想都不用想就完成了所有步骤。但是，如果你去一个公共洗手间，就会看到大人抱着孩子在洗手池边，教孩子如何洗手，他们会对孩子说“双手交叉搓一搓”，因为那些小孩子不知道怎么做。

可你知道怎样做，因为有人教过你，你自己不断练习，一遍又一遍，直到形成了一个习惯。

所谓习惯，就是重复做一件事，想都不用想。

背上书包去上学是一个习惯，坐下吃饭用餐具是一个习惯，把名字写在作业本上是一个习惯，甚至你睡觉时所采取的卧姿也是一个习惯。你可能有各种各样的习惯，每个人都是这样。

想一想，你做哪件事情喜欢按照某种方式去做，甚至都不用想就能做到？

人们都想养成良好的习惯。父母也想让你养成像他们那样的好习惯，他们会不断提醒你，希望你在将来的某一天能够做到。

下面的表格中列出了各种好习惯，在你已经养成的以及正在努力养成的好习惯前面做个标记。

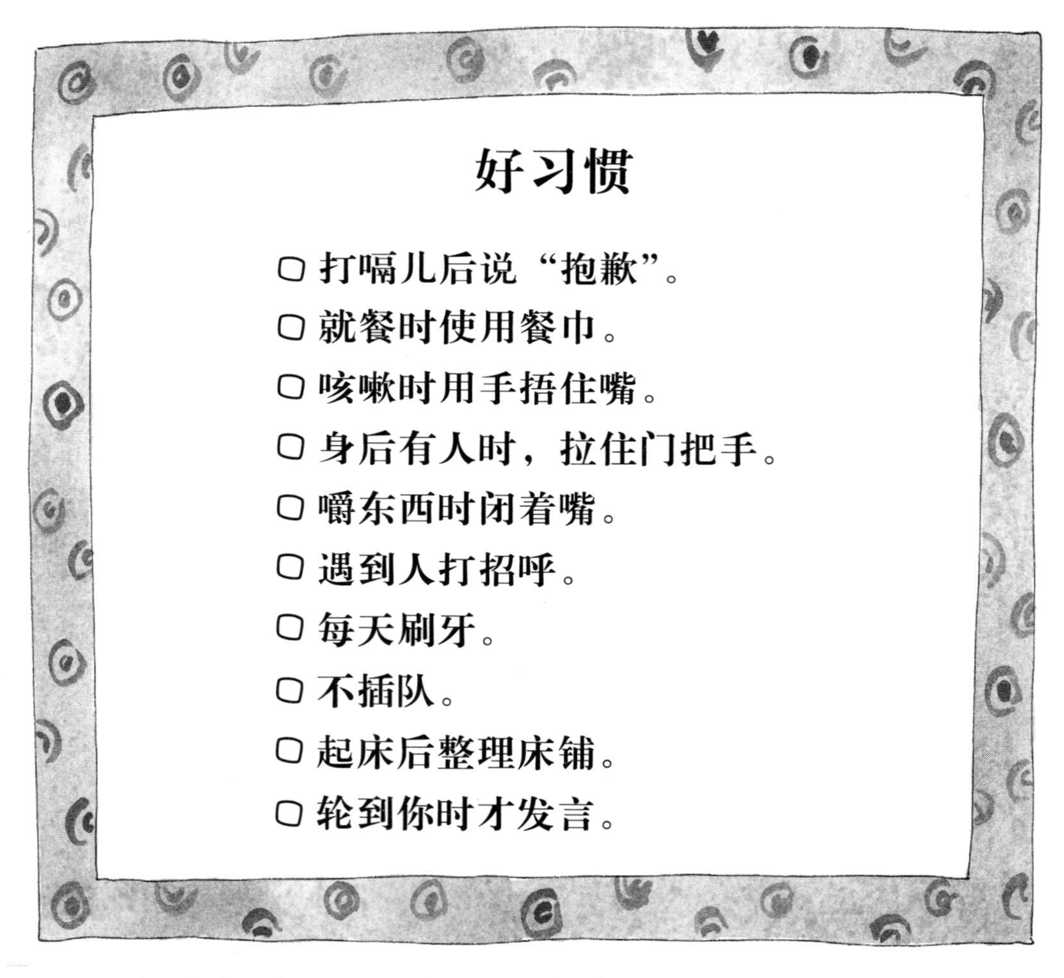

好习惯

- ▢ 打嗝儿后说“抱歉”。
- ▢ 就餐时使用餐巾。
- ▢ 咳嗽时用手捂住嘴。
- ▢ 身后有人时，拉住门把手。
- ▢ 嚼东西时闭着嘴。
- ▢ 遇到人打招呼。
- ▢ 每天刷牙。
- ▢ 不插队。
- ▢ 起床后整理床铺。
- ▢ 轮到你时才发言。

这些都是好习惯，让你有礼貌、讲卫生、更健康。有用的好习惯就应当保持下去。

但是，还有一些不健康的习惯，这些习惯会给我们带来很多**问题**。我们大多数人都会有一些不好的习惯。

想想你认识的所有人，不管是大人还是小孩，甚至是你自己。下面的表格中列举了一些不好的习惯，如果你认识的人里面有这样的习惯，就在这个习惯前面做个标记。

不好的习惯

- ▢ 室内没人时仍然开着灯。
- ▢ 咬指甲或抠指甲。
- ▢ 嘴里塞满了东西的时候说话。
- ▢ 吮吸手指。
- ▢ 脏衣服扔地上。
- ▢ 卷头发，直到头发都缠在一起。
- ▢ 咬衣角。
- ▢ 抠伤疤或者蚊子叮的地方，直到把它抠破流血。
- ▢ 上完厕所后忘记冲水。

坏习惯并不可怕，勇敢承认自己的坏习惯是难能可贵的。有些人假装自己没有任何问题，这其实是自欺欺人。

有些人会认为自己的坏习惯很丢人，也许是因为这些坏习惯引起了别人的注意和批评。

你可能尝试过改掉这些坏习惯，也尝试了很多次，但却没有成功，但是，你猜怎么样？从现在开始，你不需要这么做了。

对，你没必要强迫自己不去吮吸手指、不去啃指甲。无论你有什么习惯，都不需要停下来。这是因为简简单单地**停止**一个坏习惯几乎是不可能的。

然而，培养一个新习惯却是有可能的。用新习惯来代替旧习惯，这样旧习惯就不会困扰你了。

很多孩子都学会了这么做，你也能学会。接着读下去，就知道怎样做了。

被坏习惯锁住了

很久以前，你的坏习惯还没有成为一个习惯，你只是偶尔做了一件事，而且只做过一次。

你第一次吃手指，或者拔头发、咬衣角、啃指甲等，都是第一次的经历。不管你第一次做了什么，这些事对你来说肯定有用。

你第一次咬指甲的时候，也许是想磨平某个粗糙的地方。你第一次拔掉一根头发时，可能是觉得它比别的头发粗短，或者卷曲，要么是觉得烦，开始玩头发，找点事干。弄断一根头发，让你觉得有事做。

当你需要不断地去做某件事情时，习惯就养成了。你可能是为了解决某个问题，或者是平复自己的心情，或者是要做某件事情。

假如你有挖鼻孔这个习惯，你会发现，用手指清理鼻孔里的脏东西很方便。你只要把手指伸进鼻孔，把里面的东西抠出来（或者只是探一探，看看有没有脏东西），就会感觉好多了，挖鼻孔的习惯就是这样养成的。

跟挖鼻孔一样，吮吸手指、咬指甲等所有的身体习惯都有要完成的任务，这就是为什么习惯很难改变。如果你不挖鼻孔，那你怎么能清除鼻孔里的脏东西？如果你不咬指甲，又怎么把指甲弄整齐呢？

于是新习惯需要上场。找到能完成同样任务的新习惯，然后不断练习，这是停止坏习惯的最好办法。

比如，擤鼻子就是清除鼻子里脏东西的好方法。比起用手指，这个可能有些复杂，所以，要多练，才能达到同样的效果。你不停地练习，擤鼻子就逐渐取代了挖鼻孔。好了，新习惯就养成了。

咬指甲、吮吸手指、揪头发、咬衣角、抠皮肤等任何凡是你能想到的身体习惯，都可以用新习惯来代替。

不过，用新习惯代替旧习惯比较复杂。它不仅仅是手边放一盒纸巾，下定决心擤鼻子就能解决的问题。

因为习惯实际上给了你很多帮助，哪怕是坏习惯也是如此。

比如挖鼻孔，它不光能清洁鼻腔，还能让你的手忙碌起来，甚至让你集中注意力。因此，挖鼻孔从很多方面都能帮助你。卷头发、咬衣服以及其他的身体习惯也是如此。

你也许怀疑这本书能否帮你改掉坏习惯，因为咬指甲跟咬衣角不一样，咬衣角又和吮吸手指不一样，吮吸手指又跟抠伤疤不一样，如此等等。一本书就能解决所有的问题吗？

因为所有的习惯都能帮助你完成某件事，但之后你就被这些习惯锁住了，无法挣脱出来。

当然，除非你有钥匙。

不管具体的习惯是什么，锁住这个习惯的锁可以用钥匙打开，准确地说，是5把钥匙。实际上不管你的习惯是咬指甲、吮吸手指，还是咬衣角、拉头发，这5把钥匙都能帮助你解开身上的锁链。

阻断钥匙：挡住坏习惯的路

你有名字，你认识的每个人都有自己的名字。猪、狗、猫、马这些动物也有名字，地方、国家也有名字，电视节目、歌曲、餐厅里的三明治也有名字。钥匙也有名字，至少这本书里的每把钥匙是有名字的。你的任务就是找到它们的名字。

猜谜语找出钥匙的名字，当你猜出来的时候再翻页。

第1把钥匙

英文单词以“OCK”结尾，

和它类似的有：袜子（sock）、马群（flock）、钟表（clock）。

用木头、塑料或石头做成。

现在你知道它是什么了吧？

___ ___ ___ ___ ___。

第 1 把钥匙的名字就叫**阻断**（BLOCK）**钥匙**。

这个英文单词有两个意思：一个是积木，一个是挡住去路或者阻止某件事的发生。

马拉松赛期间，一些道路会实行交通管制，不让车辆或行人通过。

看电影的时候，高个子的人坐在前排会挡住你的视线。

你要学会怎样阻断你的习惯，这就是这把钥匙的用处。

阻断一个习惯意味着做一些事情来阻止它，把它拦住。阻断能够帮助你意识到自己正在干什么，从而转移注意力，去做别的事。

你可以在指甲上贴一个创可贴来阻止自己啃指甲，睡觉时戴一副薄手套来阻止自己吮吸手指，在睫毛上抹一些凡士林（睫毛变得润滑很难被捏住）阻止自己拔睫毛，把蚊子叮咬的部位包扎起来，阻止自己去抓挠它。

你可能已经发现了，做某个习惯性动作时用到的身体部位跟其他身体部位**不一样**，这些部位可能粗糙、有倒刺，或者让你感到疼痛。正是这些不同让你无法摆脱坏习惯，你是不是很吃惊？你的注意力会被吸引到这些身体部位，让你忍不住去触碰，或者想把它放进嘴里。这个部位可能让你感到疼痛，你想去抚慰；可能觉得好奇，想要去探索。你不知不觉地重复这个习惯性动作。

但是，当你用阻断钥匙去阻止这个习惯时，你的指甲或者头发也就开始生长了，你的皮肤也开始愈合，那种粗糙感和疼痛也就慢慢消失了。你不再轻易被它们吸引注意力，因为它们跟身体的其他部位一样了。

这把阻断钥匙是停止坏习惯的第一步。那么，让我们想一想如何更好地使用它。

- 在横线上写下你的坏习惯。
- 在横线下列出这个习惯涉及的身体部位和其他物品。

看一看这个清单，你能想出一个阻断的办法吗？比如遮盖或者改变你的身体部位，或者改变你要使用的东西。

假如，你的习惯是搓或者抠大拇指的指甲，这个习惯需要的身体部位有大拇指的指甲和中指的指甲（用它来抠），那么，你的阻断计划也许是这样：

或者你习惯了扯后脑勺的头发，这个习惯涉及的身体部位有头发、手指，有的时候还要用到镊子。

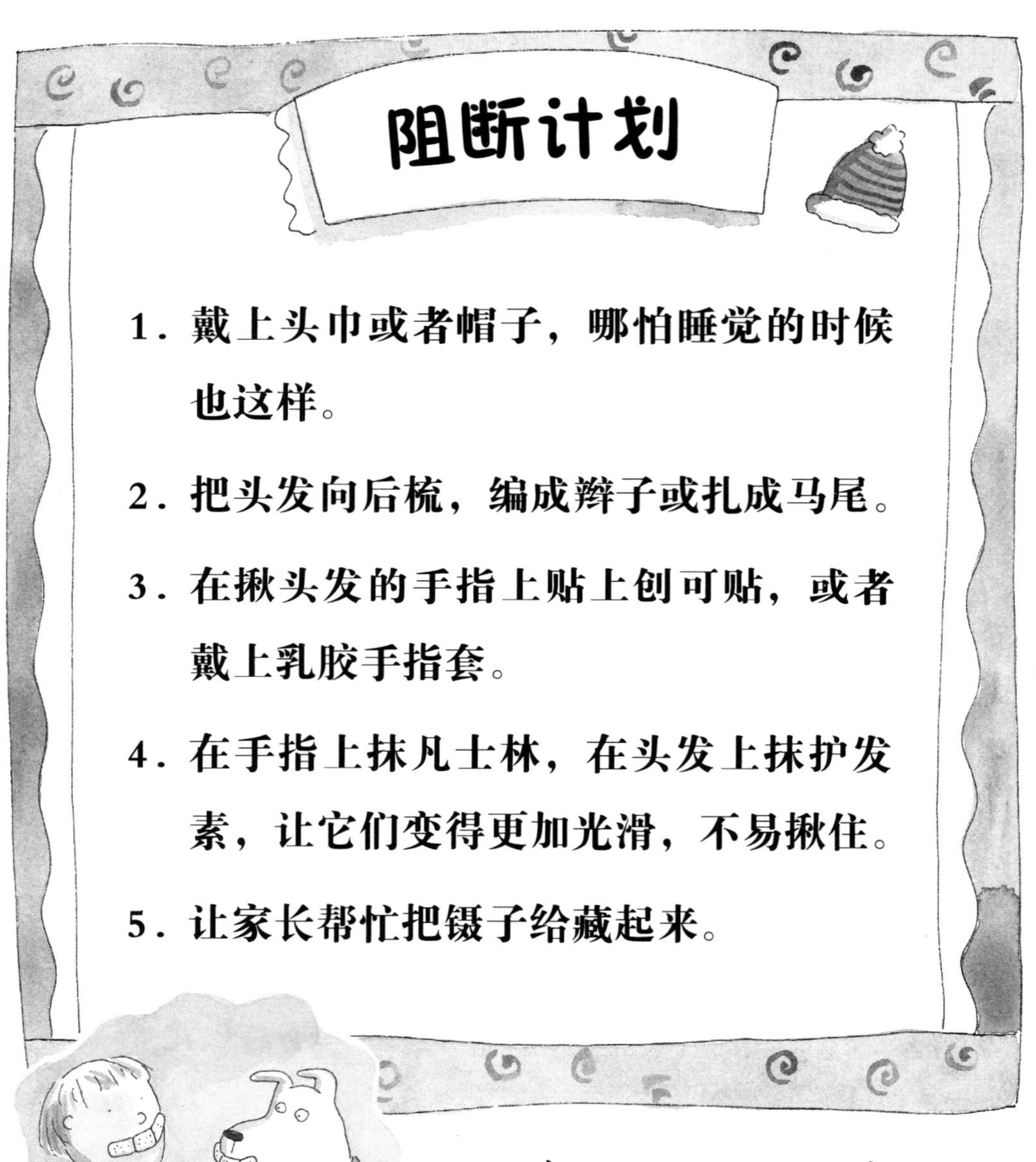

阻断计划

1. 戴上头巾或者帽子，哪怕睡觉的时候也这样。
2. 把头发向后梳，编成辫子或扎成马尾。
3. 在揪头发的手指上贴上创可贴，或者戴上乳胶手指套。
4. 在手指上抹凡士林，在头发上抹护发素，让它们变得更加光滑，不易揪住。
5. 让家长帮忙把镊子给藏起来。

有的时候这些简单的方法对于一些习惯不太实用，尤其对于那些跟嘴有关的习惯。

不要被这个吓倒！你可以遮住手指甲，让自己咬不到它们；选择没有弹性的衣服，让自己无法咬到衣领。尽情发挥你的想象力和创造力，总会找到办法！

将你的阻断计划写在下面。

阻断计划

1. ______________________________

2. ______________________________

3. ______________________________

4. ______________________________

5. ______________________________

◎ 翻到第71页“摆脱坏习惯的钥匙”这一部分，找到第1把钥匙，并在钥匙上标明“阻断钥匙”。

◎ 在旁边的横线上写下你的阻断计划。

现在你有了5把钥匙里的第1把，马上就去用吧。

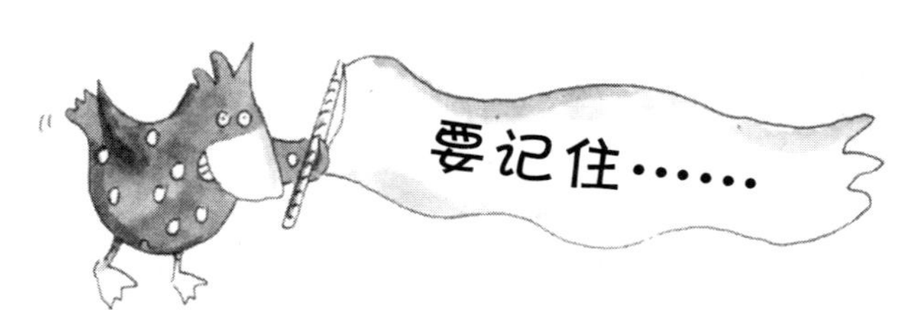

前面的高个子会挡住视线。

百叶窗会挡住阳光。

晾衣夹会挡住臭味。

你也一定能挡住你的坏习惯。

忙碌钥匙：在危险区忙起来

坏习惯有一个作用，就是让你的手或嘴有事情可干。所以，这第2把钥匙就是让它们忙起来。

先来猜一个谜语。在横线上写出图片对应单词的首字母，你写完后，再翻到下一页。

______ ______ ______ ______ ______ ______

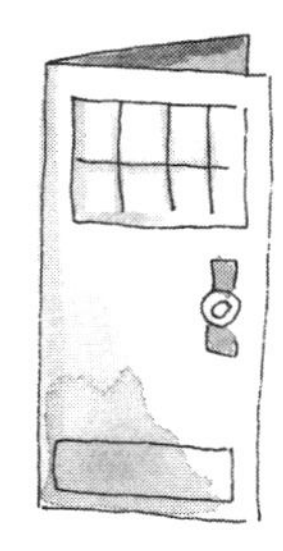

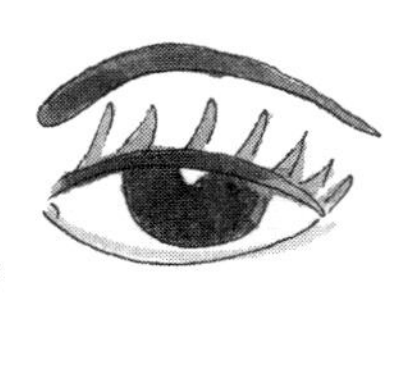

第2把钥匙就叫作**忙碌**（FIDDLE）**钥匙**。

许多孩子的手和嘴都闲不下来。他们的手忍不住要去摸、抓、抠东西，嘴也忍不住要去嚼、啃、咬东西。这没有必要不好意思，也没有必要对自己的手或者嘴生气。这不是它们的错。有的孩子就是这样的行为方式。

可是，我们不能因此而把自己的皮肤弄破，或者把牙齿咬坏，把衣服弄湿一大片。

也不能总是挠蚊虫叮咬的地方，这样它会化脓难以结痂愈合；也不能玩弄头发，让头发绕成一团。

当然也不用一直对自己说**不要**（你知道这样并不管用），你需要用另一种方式让自己忙碌起来。

于是，忙碌这把钥匙就用上了。

有无数种让你的嘴和手忙起来的方式，关键是找到有趣、好玩的事情，比如说吃西瓜，这就可以让你的手和嘴忙起来。

但是，你在听写生字的时候、乘坐汽车的时候或看演出的时候不能吃西瓜。而且，你也不能一天到晚一直吃西瓜。

所以，关键就在于找到一件随时都可以做的事情，或者至少可以经常做的事情。这些事情能够让你在多种场合下都能做。

要想用上这把忙碌钥匙，你需要想一想会在哪些地方做这些习惯性动作，一般会做什么。这些地方都可以叫作你的**危险区**。你的危险区可能包括：

危险区

1. 在餐桌上写作业时。
2. 晚上躺在床上准备入睡的时候。
3. 坐在车里没有事情可做时。
4. 蜷缩在沙发上看电视时。
5. 等候上场时。

在下面依次写上你的危险区，稍后再写上保持忙碌的办法。

危险区	保持忙碌的办法	
1. ______		
2. ______		
3. ______		
4. ______		
5. ______		
6. ______		

看看这些忙碌的办法，或者发挥想象力，想出在每个危险区能够让手和嘴保持忙碌的办法。

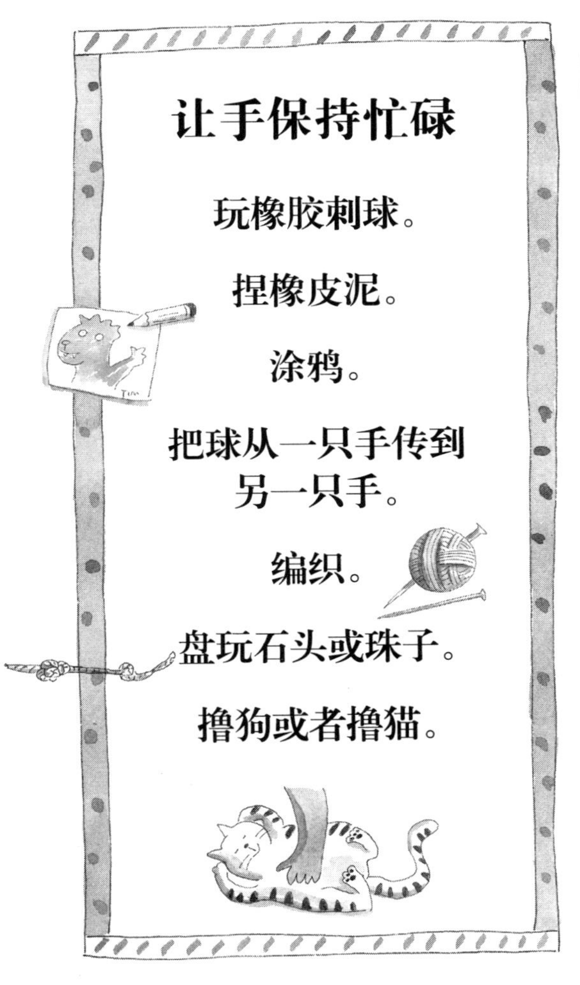

让手保持忙碌

玩橡胶刺球。

捏橡皮泥。

涂鸦。

把球从一只手传到另一只手。

编织。

盘玩石头或珠子。

撸狗或者撸猫。

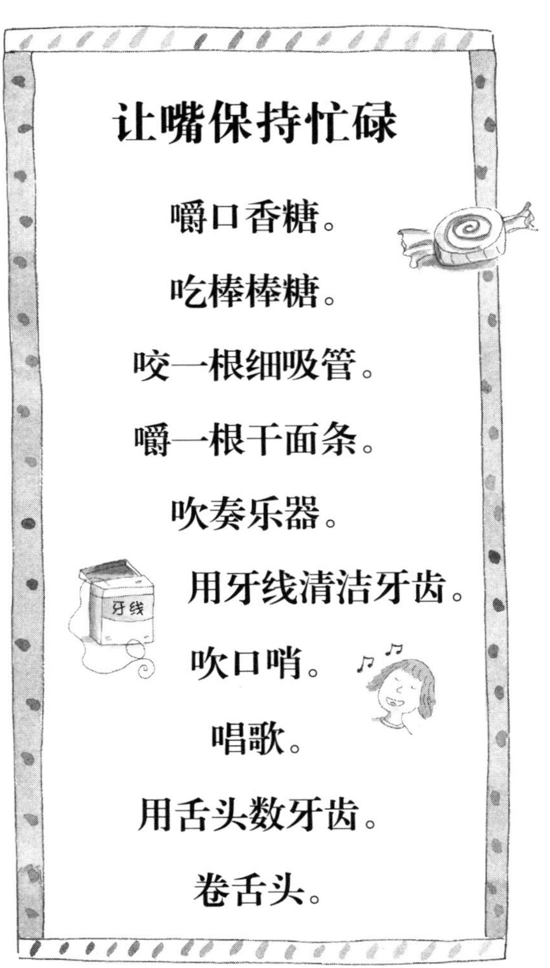

让嘴保持忙碌

嚼口香糖。

吃棒棒糖。

咬一根细吸管。

嚼一根干面条。

吹奏乐器。

用牙线清洁牙齿。

吹口哨。

唱歌。

用舌头数牙齿。

卷舌头。

在第 32 页下方的空白表格中，针对你的危险区，写下你最喜欢的忙碌办法。尽情发挥你的想象力和创造力吧。

把你需要的东西收集好，提前放入危险区。比如，将橡胶刺球和橡皮泥放在电视机旁边，吸管放进背包里，编织的绳子放进汽车里等。确保你所需要的物品已经放在了需要的地方。

一旦进入了危险区，就要赶快拿起让自己保持忙碌的工具。

如果你习惯在做作业的时候咬衣服，那么你在打开作业本之前就可以吃一块口香糖；如果你在乘车时总爱抠自己结痂的地方，那么一坐进车里，你就可以拿出一根不用的鞋带，挑战一下自己，尽快在上面打40个绳结。

坏习惯的动作开始了，再去想这些忙碌的办法，那就太晚了。要在坏习惯的动作开始之前，就用上让自己忙碌的办法。

- 翻到第71页“摆脱坏习惯的钥匙”这一部分，在第2把钥匙上标明“忙碌钥匙”。
- 在旁边的横线上写下让你保持忙碌的活动。

开始使用这把忙碌的钥匙吧，让你的手和嘴都高高兴兴地忙起来。

猜谜语，把每张图片对应的英文单词首字母写在横线上。

知道你的 ____ ____ ____ ____ ____ ____

____ ____ ____ ____ ____

当你在这些危险区的时候，让手和嘴保持

____ ____ ____ ____

在你有需要 ____ ____ ____ ____ ____ ____，

就开始使用这些忙碌的办法。

答案依次是：danger，zone，busy，before。

动作钥匙：替代习惯性动作

无论是吸、抠、挠，还是啃、扯、咬，你的手和嘴就是想做这些动作，它们好像有自己的想法似的。因此你才需要第3把钥匙。

猜一猜下面的谜语，写出第3把钥匙的名字。如果你猜出来了，就翻到下一页。

你的第3把钥匙：

读起来像“海洋（ocean）”，
写起来像“药剂（potion）”，
像乳液（lotion）一样让你放松，
也能引起一阵喧嚣声（commotion），
现在猜出来了吗？
你猜对了，
它就是 ___ ___ ___ ___ ___ ___。

提示：它也有移动、行动的意思。

这把钥匙就是**动作**（MOTION）**钥匙**。

你可能注意到了，身体习惯都是用动词来开头的。

比如，咬手指甲、撕脚指甲、咬倒刺、吮吸手指头、舔嘴唇、抠伤疤、挠手上一块特别的地方。

找一找下面的动词，有哪些符合你的习惯，将它们圈起来。

圈出来的那些动词就是你的习惯性动作，就是你的手或嘴做的那些动作。别人可能不理解你为什么要做这些动作，但这些动作会给你带来良好的感觉，在某种程度上能让你平静下来，得以放松。

但是，这些动作也是有害的，它们会让你的伤口无法愈合，留下疤痕。所以，要找到一种办法就是既能让你做这些动作，又不会伤害自己。你可以去抓、咬别的东西，而不是自己的身体。

你可以试试下面这些方法。

如果你习惯吮吸手指，你可以：

吸一根棒棒糖。

用吸管吸饮料。

用吸管杯喝水。

如果你总是啃指甲，你可以：

啃奶酪条。

啃菠萝干。

啃牛肉干。

如果你爱拔头发，你可以：

去花园里拔草。

拔毛毯上的绒毛。

拔旧娃娃的头发。

拔鸡毛掸子上的羽毛。

如果你爱抠皮肤或者结痂处，你可以：

抠包装盒上的商标。

抠没用的泡沫球。

抠绒衣上的毛球。

抠橡皮泥。

当你想要做这些习惯性动作的时候，跟家人要一块干净的毛巾，你可以揪它、搓它，甚至也可以咬它。不管是什么动作，你都可以对这块毛巾做。这时你要好好想一想，还有什么东西可以代替毛巾来帮助你的身体承受这些习惯性动作，让你用起来感觉比较好？

- 翻到第71页“摆脱坏习惯的钥匙”这一部分，在第3把钥匙上标明“动作钥匙”。

- 在旁边的横线上写下3个有关的行动方案。

马上就去使用这把**动作钥匙**吧，争取一天用两次（越多越好）。只要你想做习惯性动作，就马上开始用这把动作钥匙，或者在进入自己的危险区之前把它预备好。

☹ **把指甲咬得只剩下一小块。**

☺ **咬面条、坚果和三明治。**

☹ **吸手指、衣领、袖子**

☺ **吸布丁！**

☹ **绕头发，把头发弄乱，**

☺ **绕线绳，真好玩。**

唤醒钥匙：激活身体系统

为什么有人会爱啃指甲，而有的人老是揪头发、抠伤疤或者舔嘴唇？其实，之所以会有这些习惯，是因为身体的某一部位需要额外的关注。

第4把钥匙就是解决这个困惑。猜一猜下面的谜语，将方框里缺的字母写到横线上，写出第4把钥匙的名字。如果你猜出来了，就翻到下一页。

___ ___ ___ ___　　___ ___

第4把钥匙就是**唤醒**（WAKE-UP）**钥匙**。

唤醒钥匙可以让你的身体活动起来，**唤醒**那些需要得到**额外关注**的身体部位，让它们**振作**起来，充满**活力**。

具体怎么做呢？假如你有一个习惯性的嘴部动作，比如吃手或咬衣角，这就意味着你的嘴需要额外的关注。有一些方法可以满足这个需要，让嘴巴兴奋起来，从而感到快乐。比如，吃饭就不要吃常吃的食物了，可以多尝试其他食物：

即使不是在吃饭时间，你也可以动嘴。

如果头皮需要额外的关注，你可以：

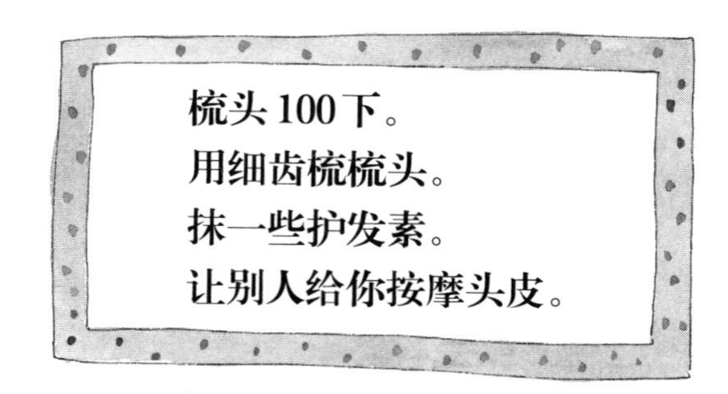

梳头100下。
用细齿梳梳头。
抹一些护发素。
让别人给你按摩头皮。

如果你的手指或指甲需要额外的关注，你可以：

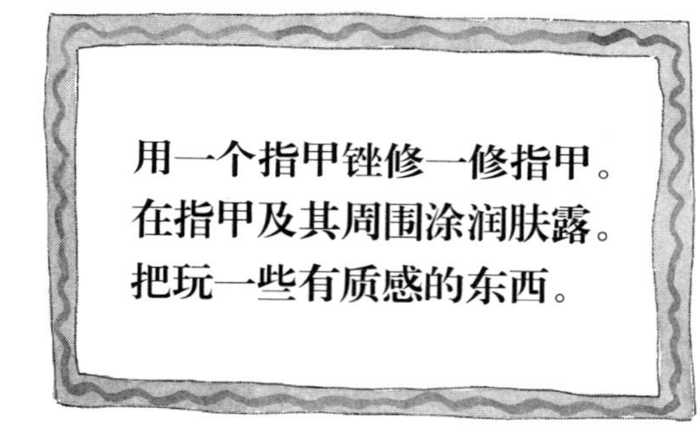

用一个指甲锉修一修指甲。
在指甲及其周围涂润肤露。
把玩一些有质感的东西。

如果你的皮肤需要额外的关注，你可以：

使用按摩器。
让爸爸妈妈轻轻地抓挠你的皮肤。
请别人用毯子裹紧你，让皮肤和肌肉感到压力。
坐在草地上，感受小草的力量。
让皮肤接触不同的材质，比如毛巾、丝巾、毛毯、灯芯绒。

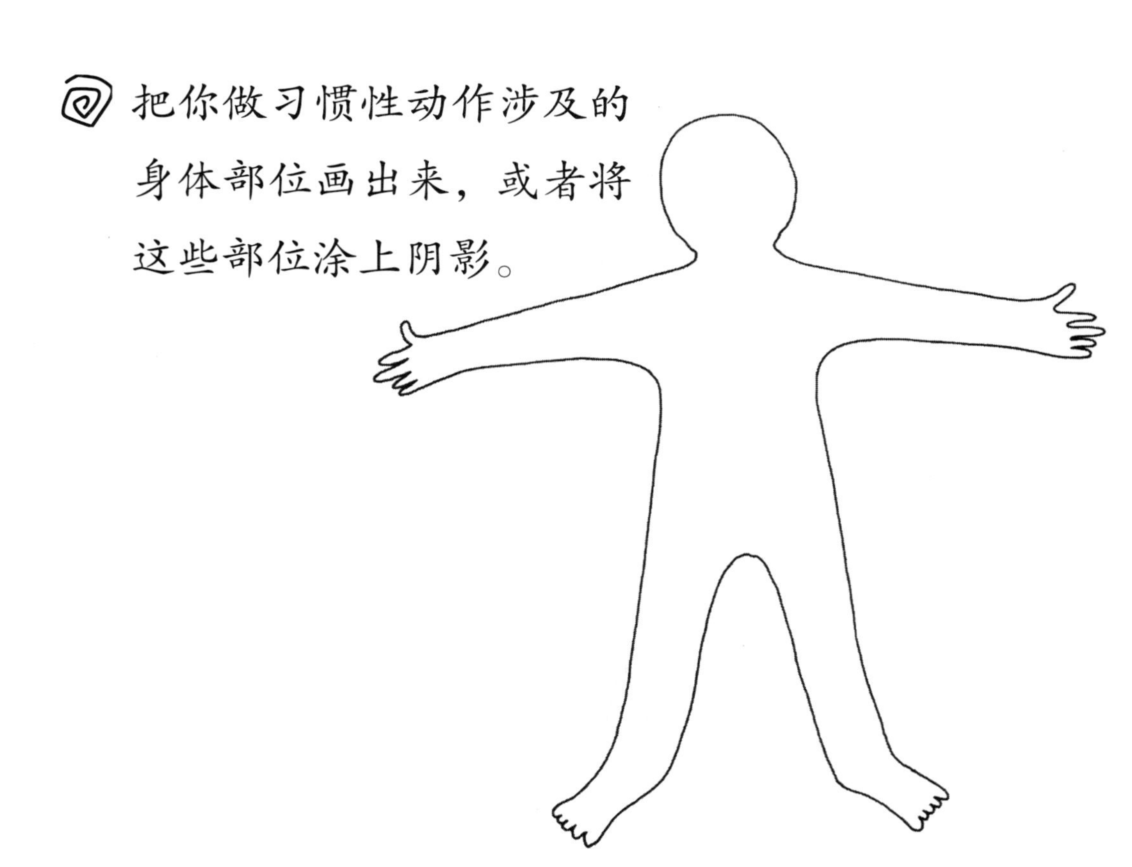

把你做习惯性动作涉及的身体部位画出来，或者将这些部位涂上阴影。

你可以做哪3件事来唤醒这些身体部位？

能让我振作起来和充满活力的事情

1. ______________________________

2. ______________________________

3. ______________________________

唤醒钥匙需要每天至少用两次，不管你是否需要。实际上，大多数孩子觉得，安排时间来使用这把钥匙非常有用，比如，早晚各用一次。当然，用的次数越多越好。

- 翻到第71页“摆脱坏习惯的钥匙”这一部分，在第4把钥匙上标明“唤醒钥匙”。
- 在旁边的横线上写下3个你喜欢的唤醒方法。

今天就开始使用这把唤醒钥匙吧。激活身体系统，唤醒身体的活力，会让你感觉很好。你又打碎了一条绑住你的锁链。

（小提示：将图示单词的字母补充在横线上，用 × 划掉的字母不用写。）

补充完，看看是什么意思吧！

T **W** _ _ _　　　　**A** _ _ _

~~M~~ □ □ □　　　　D □ □

K _ _ _ _　　　　_ _ _ _ _ _

~~P~~ □ □ □ □　　　　H □ □ □ □ □

A _ _ _ !

ONE_ _ _

~~O~~ ~~N~~ ~~E~~ □ □ □

参考答案：Twice A Day Keep Habits Away（每天两遍，坏习惯走开）。

情绪钥匙：释放压力

人们以为那些有某种坏习惯的孩子很焦虑。实际上，你可能听说过咬指甲、抠皮肤等习惯是因为**紧张**，但并不是说所有喜欢咬指甲、抠皮肤、咬衣角的孩子都紧张。他们有些人是因为无聊，有些人是因为沮丧，还有些人是因为兴奋、悲伤或困惑。

接下来我们要谈一谈第5把钥匙。

将下面的形容词与相应的表情图连起来，然后把这些词的首字母写在这张表情图上面的横线上。如果你觉得猜对了，就翻到下一页。

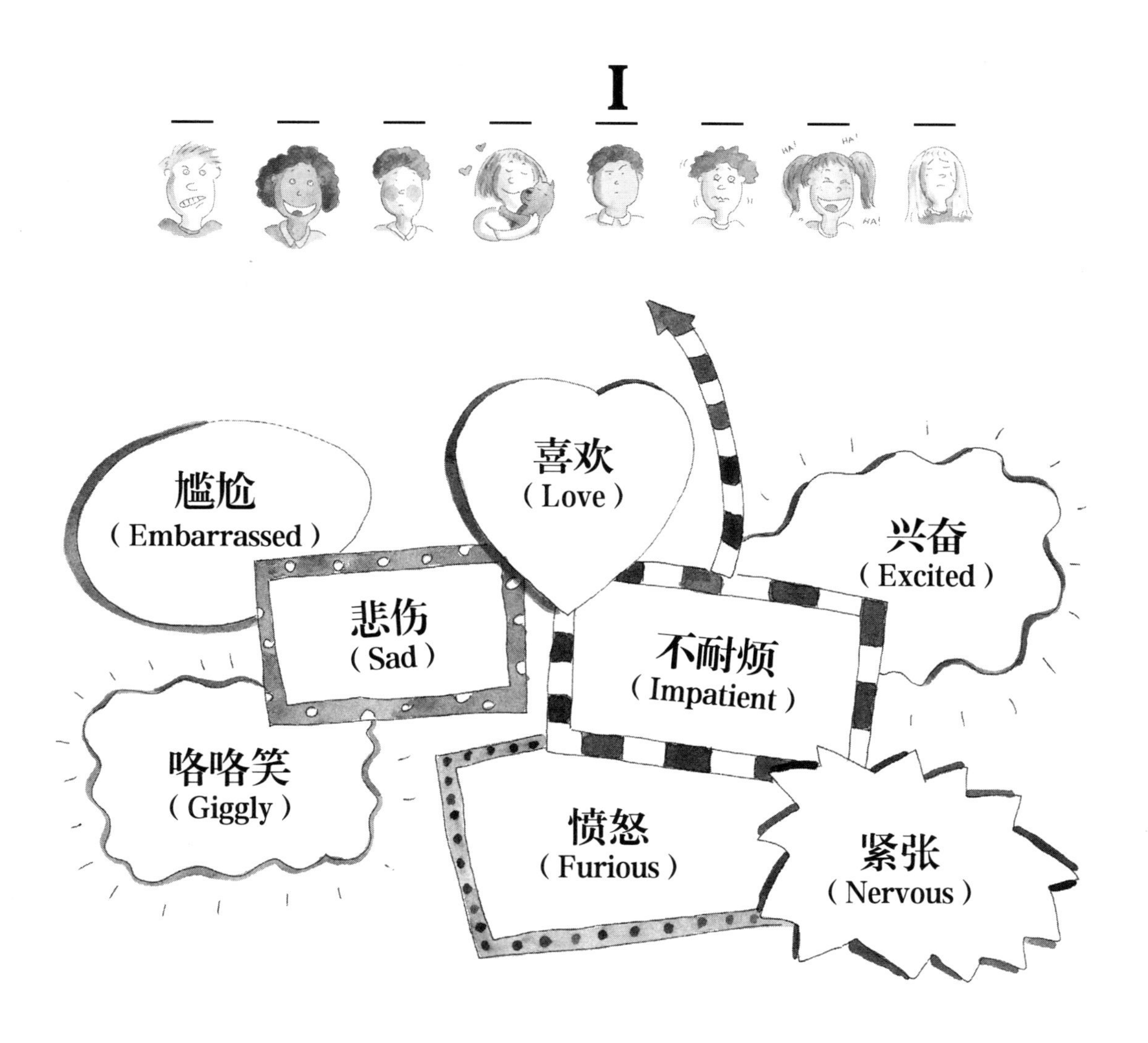

第 5 把钥匙就是**情绪**（FEELING）**钥匙**。

我们都有各种各样的情绪，时时刻刻都会有情绪。有时候，情绪很微妙，我们几乎察觉不到，比如，有一点点开心，有一点点无聊。

但有时候，我们的情绪很强烈，比如**愤怒**、**兴奋**、**害羞**等。当我们的情绪很强烈的时候，它就会占据体内很大的空间。

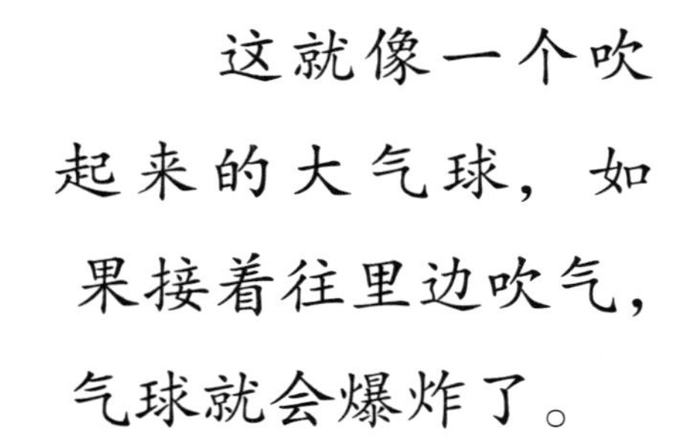

这就像一个吹起来的大气球，如果接着往里边吹气，气球就会爆炸了。

人也是这样，我们可以有很多情绪，但是有的时候它们实在太多了。

对一个充气过多的气球，直接的解决方法就是松开气球嘴，把多余的空气放出去。

对于人来说就没有这么容易，因为要释放的可不是空气，而是**压力**。当我们感觉到某些情绪时，压力就会在我们的体内积聚起来。适度的压力有好处，它能使我们充满活力。但是压力太大就不好了，它需要被释放出去。

释放压力的方式有很多种，比如大笑、哭、聊天、唱歌、跑步等。

习惯也能帮我们释放压力。实际上一旦养成某种习惯，它就能迅速而有效地降低消极情绪的影响。

有时，通过习惯来释放压力有立竿见影的效果，比如说吮吸这个动作对大多数人都有安抚作用，让人感到舒服。同样，揉搓和缠绕的动作也有这样的作用。

但是，那些伤害身体的习惯呢？拔头发或者撕扯皮肤也有安抚的作用吗？

的确有。这种安抚作用不是在拔或者撕扯的过程中，而是在动作结束之后。这些动作虽然会带来一种瞬间的剧烈疼痛，但是紧接着会让人感到轻松。这种刺痛释放了紧张，而之后那种解脱的感觉让人深陷其中难以自拔。

如果你有这样的习惯，那你总要把自己弄疼才能释放压力吗？

你当然不需要这样。我们有其他解决办法，比如这把**情绪钥匙**。

以下是与情绪钥匙有关的一系列活动，这些活动都可以帮助你释放压力，把强烈的情绪舒缓到可以控制的程度。

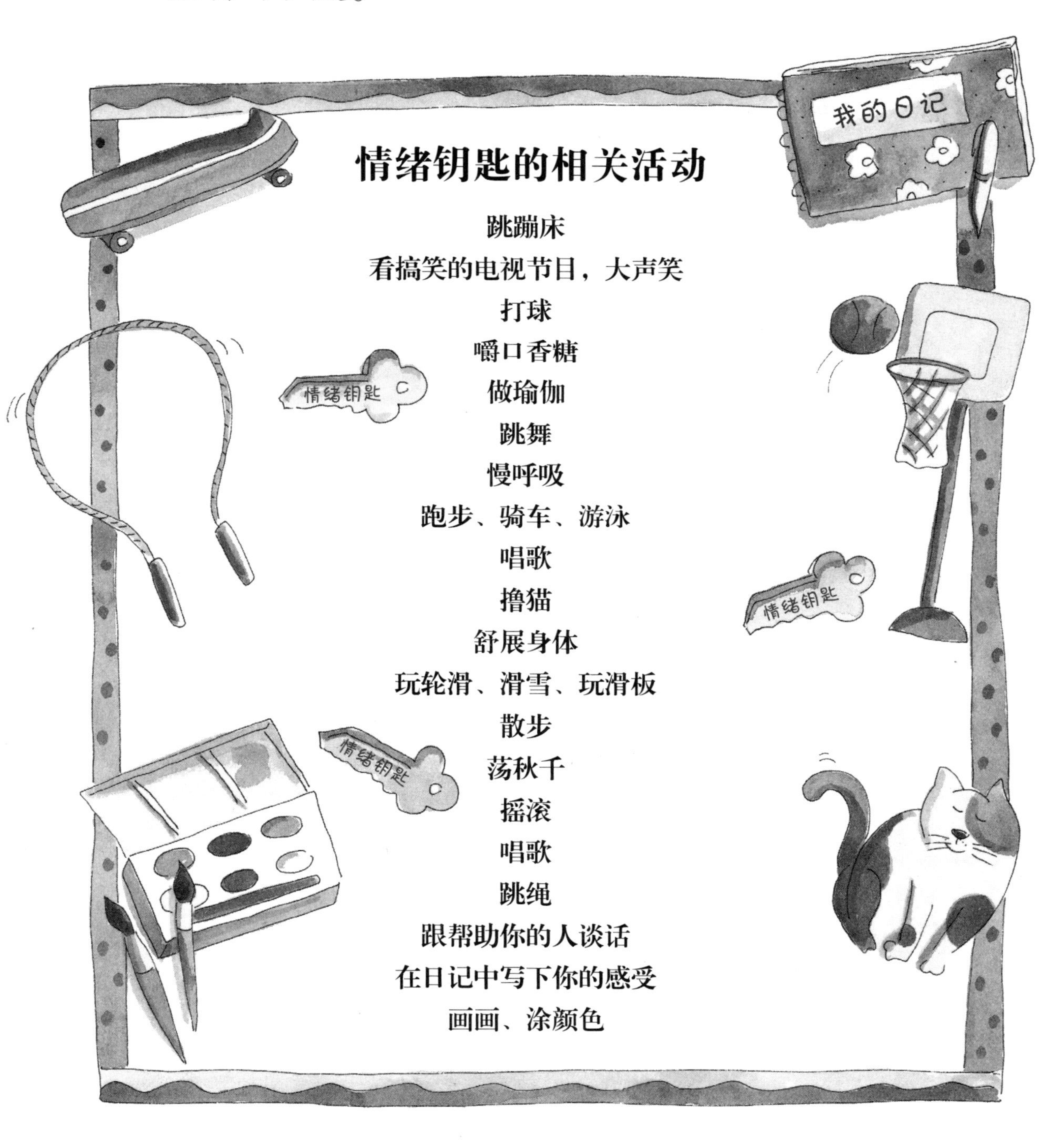

情绪钥匙的相关活动

跳蹦床
看搞笑的电视节目，大声笑
打球
嚼口香糖
做瑜伽
跳舞
慢呼吸
跑步、骑车、游泳
唱歌
撸猫
舒展身体
玩轮滑、滑雪、玩滑板
散步
荡秋千
摇滚
唱歌
跳绳
跟帮助你的人谈话
在日记中写下你的感受
画画、涂颜色

一次情绪钥匙的活动只要15分钟就够了。以后可以用情绪钥匙释放压力，不再需要用坏习惯来释放压力了。

翻到第71页“摆脱坏习惯的钥匙”这一部分，在第5把钥匙上标明“情绪钥匙”。

在旁边的横线上，写下你喜欢的3个释放紧张情绪的活动。

在进入危险区之前使用情绪钥匙，效果会更好。比如，骑一圈自行车后再写作业，先玩一会儿秋千再去坐长途汽车。

当你情绪强烈的时候，尤其是当身边没有人可以倾诉的时候，就可以使用情绪钥匙。悲伤的时候尝试撸猫，困惑的时候做一做瑜伽，愤怒的时候可以去投篮。

虽然释放压力的方法不能彻底解决问题，但是可以舒缓强烈的情绪。你也不需要借助咬指甲或者抠皮肤来舒缓情绪。

（小提示：将图片对应单词的首字母补充在横线上。）

时刻关注你的

__ __ __ __ __ __ __ __

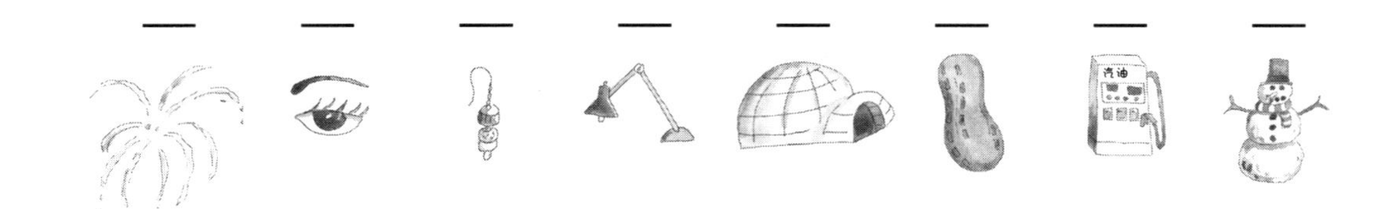

当它变得太 __ __ __ 的时候，

就要把它释放掉。

参考答案：feelings，big。

5把钥匙联合使用

现在，你已经有5把钥匙了，把它们串到一个钥匙扣上。

当然了，如果把这串钥匙放在一边儿，它们也起不到什么作用。你要在实际生活中使用它们，并且要反复使用。

科学家发现，改变一个习惯需要21天，也就是3周。你在这3周里的每一天都要使用这5把钥匙。多练习才会让钥匙真正发挥作用。

但是有的时候，**练习**却很难。

这时候你就需要**奖励**了。奖励能够激发你练习的动力，即使在遇到困难的时候，你也有继续努力的理由。奖励还能够帮助你坚持使用这些钥匙，直到你摆脱坏习惯。

你对什么感兴趣呢？

跟爸爸去外边吃早餐，和妈妈一起烤饼干，或者跟朋友一起做手工、玩游戏等，这些都可以作为奖励。

现在，发挥你的想象力，想出4种能够激励自己坚持使用这5把钥匙的奖励。

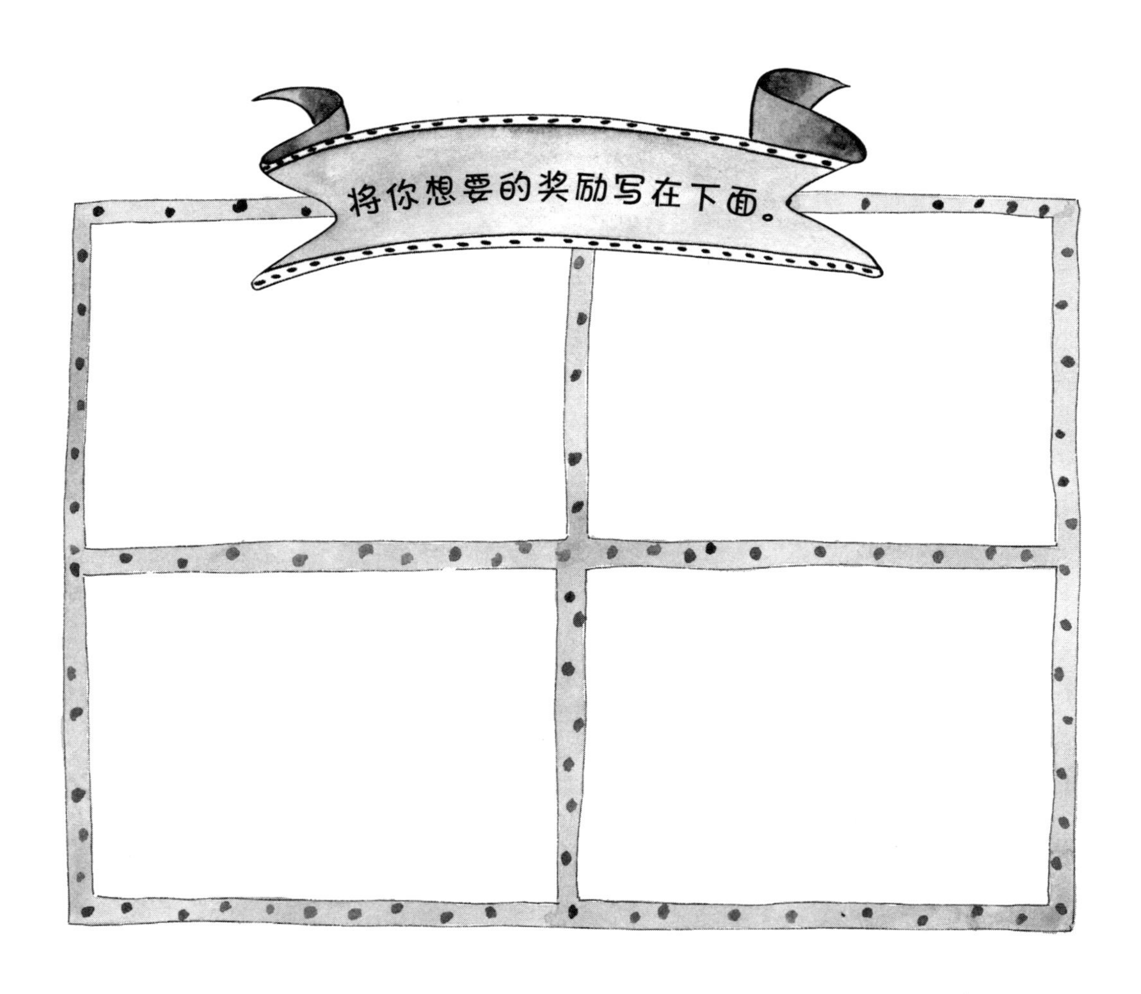

你怎样才能赢得这些奖励呢?

翻到第72页，找到“挣脱锁链，重获自由”这张表。

每天你都要在这里记下使用钥匙的日期，然后把当天使用的钥匙涂色。使用1把钥匙，就得1分。如果你使用了4把钥匙，就得4分。当你攒够了30分，就可以得到一次奖励。

如果你总是忘记使用某一把钥匙，就需要想一个办法，帮助自己记起来。比如，把创可贴放在床头，在做作业的桌子上放一瓶口香糖，在车里贴一个记事贴。

摆脱坏习惯最快速的办法就是每天都用到这5把钥匙，这也是你获得奖励的最快途径。此外，你还可以给自己设计一个额外奖励。比如，当你连续3天每天都使用这5把钥匙，你就会得到一个额外奖励——可以拥有某样东西，也可以马上做某件事情。别再犹豫了，立刻行动吧！

可以请爸爸妈妈准备一些小礼物，比如文具、图书、贴纸、你喜欢的零食等。也许你还想去做一些平时想做但没有机会做的事情，比如去游乐场玩。每当你连续3天都用到这5把钥匙，你就可以获得这样的奖励。

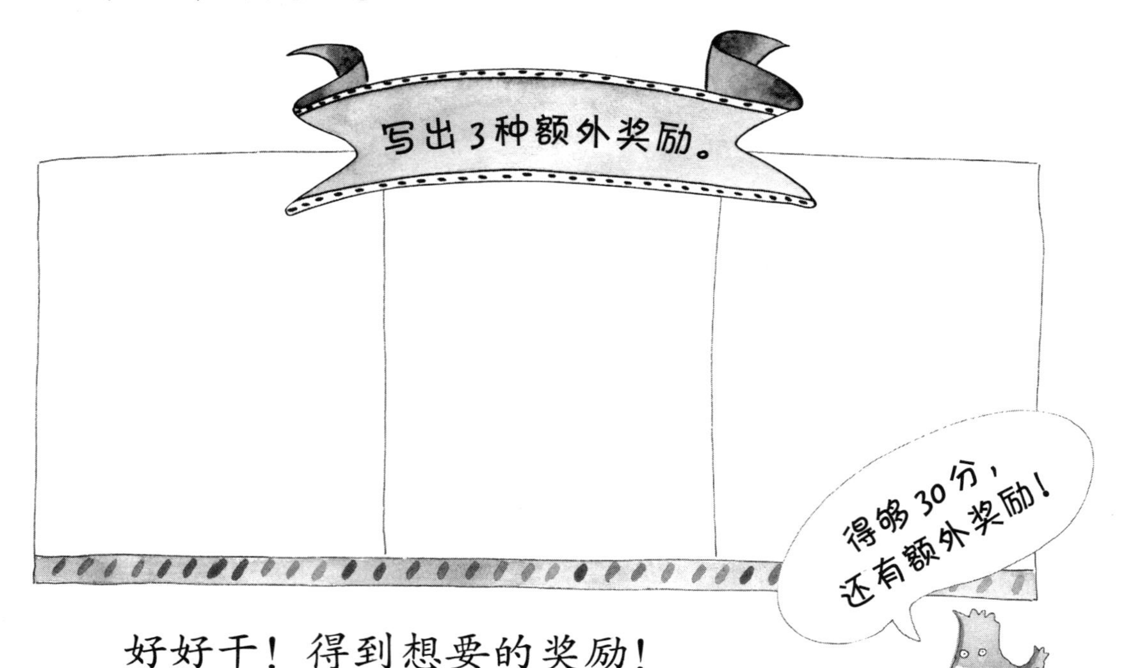

好好干！得到想要的奖励！

跟你的坏习惯说再见！

遇到问题了吗？

现在，你的坏习惯有哪些变化吗？

你可能会想，看看指甲长度就能知道自己是否有进步，或者，看看你的头发长得怎么样、皮肤愈合的情况也能知道答案。但是这些表面现象会误导你。

假如你的指甲变长了，头发变浓密，皮肤变光洁，这真是太好了！这意味着你正在摆脱坏习惯。

但是，如果你的指甲参差不齐，头上仍然有一块秃，皮肤又红又疼，那意味着什么？意味着你失败了吗？

其实并不一定。你可能已经整整8天没有啃指甲了，可到了第9天，你又去啃了，虽然只啃过这一次，但这让你的指甲看起来很难看。但是，仅仅一次并不重要，它不能否定你之前那8天付出的努力。

所以，不要只盯着指甲长没长，头发以及皮肤的状况。相反，你可能会发现，你的习惯性动作出现得越来越少。这正是你坚持使用这些钥匙的结果。

但是如果情况不是这样，怎么办？假如你一直在用这些钥匙，但习惯并没有改变呢？

你要做的第一件事，就是要确认你使用这些钥匙的次数足够多，尤其是当你处于自己的危险区时。不过，还需要注意，有时危险区也会发生变化，你的钥匙要随时准备好。

如果还是不行，你和父母应该看看有没有以下3种可能。

你的坏习惯真的是习惯吗？

有可能你的坏习惯并不是习惯，而是一种肌肉抽搐。肌肉抽搐就是你会反复做同样的动作，有时候自己都不知道。比如眨眼就是一种常见的肌肉抽搐，嗓子发出怪声音、耸肩、舔嘴唇也是肌肉抽搐。事实上，有各式各样的肌肉抽搐。

肌肉抽搐很常见，总是悄无声息地来了又走。如果你不能确定你的动作到底是习惯还是肌肉抽搐，那就要跟家里人说，让家人带你去医院，医生能帮你解决这个问题。

肌肉抽搐通常不用治疗，你可以和它和平相处，总有一天它自己就会消失。但是，有人可能会问你为什么要耸肩、哼哼唧唧或做其他动作，你要学会如何回答。

尽管肌肉抽搐很常见，但是它仍然会给我们带来压力。如果肌肉抽搐比较严重，给你和他人带来了困扰，你可以去看医生，医生会帮助你。

你遇到了严重的问题吗？

也许，生活里的一些事带给你很大的压力。如果是这样，你需要一些特别的帮助。比如，家里有人生病了，朋友对你不友好，你要搬家，父母吵架吵得很厉害等。如果有这类事情，你会觉得自己一个人没办法应付。

那就积极地去找一个关心你的成年人，比如家长或者老师。跟这个人谈一谈你的感受，然后制订一个应对方案。

如果你被担心、愤怒、悲伤等情绪困扰，你也可以找一位成年人，请他帮助你学会控制各种情绪。

如果没有遇到严重问题，摆脱坏习惯的钥匙就能更好地发挥作用。

你感到疲劳吗？

也许你的睡眠不足。9~11岁的儿童每天至少需要睡10个小时，8岁以下的孩子甚至需要更长的睡眠时间。睡眠不足会影响一个人的方方面面，会让你的大脑和身体感觉到压力，让你想要去抠皮肤、吸手指、咬衣角。

想办法多睡一会儿，保证充足的睡眠。睡眠充足的孩子，做起事来会更加轻松自如，这些事也包括改掉坏习惯。

保持自由

打破了坏习惯的束缚，你就自由了。祝贺你！但是，不要把摆脱坏习惯的钥匙丢掉，它们是让你**保持自由**的关键。

每天坚持使用这串钥匙，你会发现，这些钥匙用起来越来越容易，因为反复做一件事就会形成习惯。所以，你要是坚持使用这些钥匙3周或更长的时间，也会形成习惯，这一次可是好习惯。

或许你习惯了坐车时在口袋里放一块有趣的石头搓着玩，这就是**忙碌钥匙**带来的习惯。也许你睡前习惯在手和脚上擦润肤露，这就是**唤醒钥匙**带来的习惯。如果你厌烦了使用这些钥匙的方法，那就回头去看看书里提到的一些做法，找到使用这些钥匙的新方法。这些钥匙为你指明了争取自由和保持自由的路径，你要保管好它们。

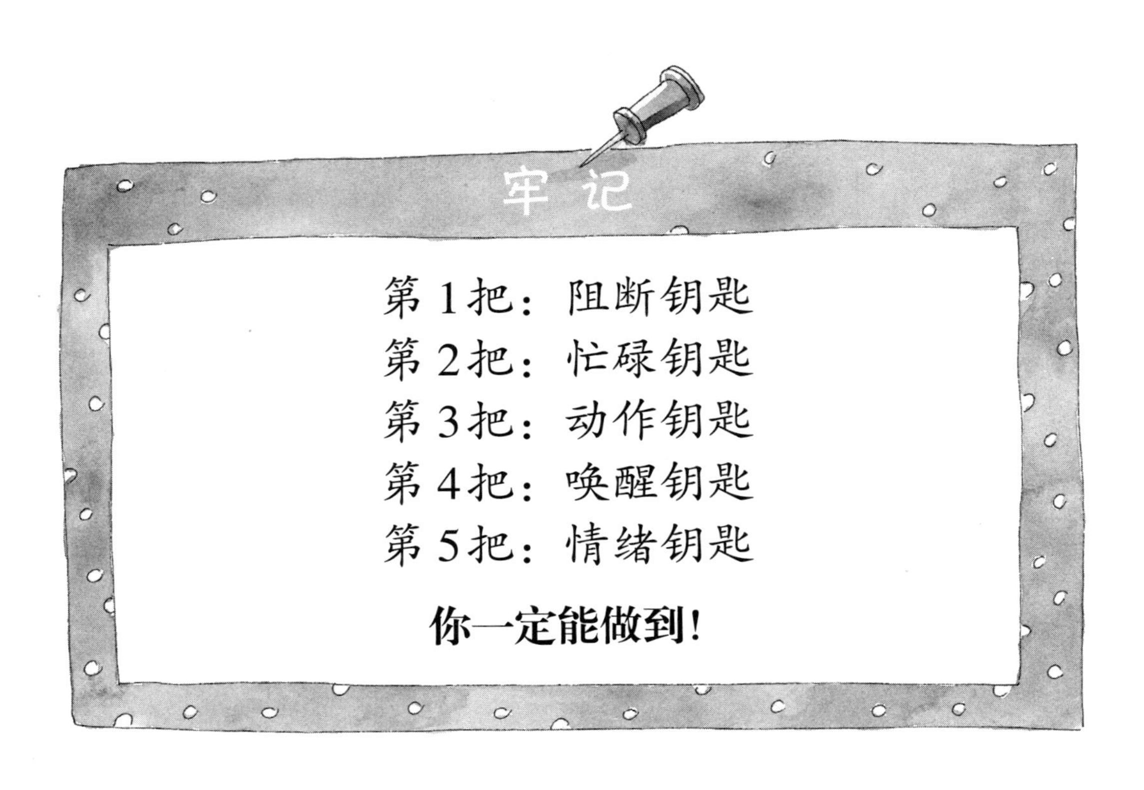

牢记

第 1 把：阻断钥匙
第 2 把：忙碌钥匙
第 3 把：动作钥匙
第 4 把：唤醒钥匙
第 5 把：情绪钥匙

你一定能做到！

感觉太棒了！

参考答案：you，can，do，it。

摆脱坏习惯的钥匙

坚持记录你的坏习惯摆脱计划！这本书常常会提醒你翻到这一页，把刚刚学到的那把钥匙的名字写在钥匙上，并在横线上写下相应的活动。

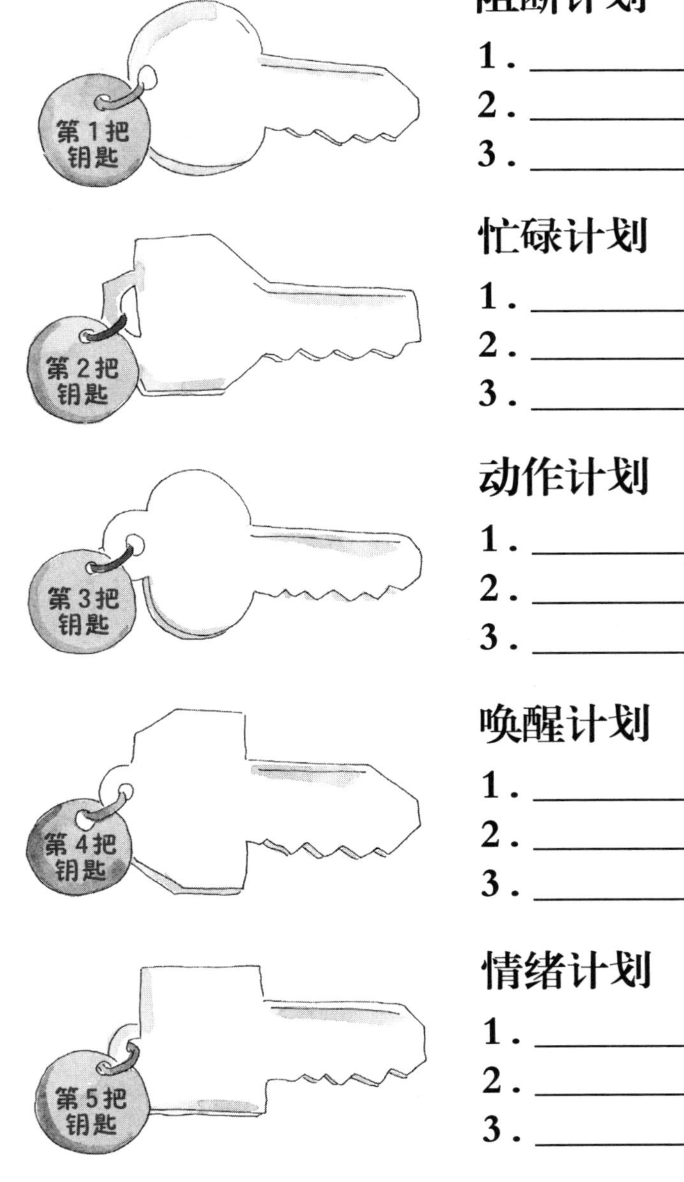

阻断计划

1. ______________ 4. ______________
2. ______________ 5. ______________
3. ______________ 6. ______________

忙碌计划

1. ______________ 4. ______________
2. ______________ 5. ______________
3. ______________ 6. ______________

动作计划

1. ______________________________
2. ______________________________
3. ______________________________

唤醒计划

1. ______________________________
2. ______________________________
3. ______________________________

情绪计划

1. ______________________________
2. ______________________________
3. ______________________________

挣脱锁链，重获自由

这张表格会帮助你记录使用钥匙的频率，以及可以获得的奖励。按照第61页的说明，一步一步地获得自由并且保持自由吧！

日期	使用的钥匙	得分
	阻断 忙碌 动作 唤醒 情绪	
	阻断 忙碌 动作 唤醒 情绪	
	阻断 忙碌 动作 唤醒 情绪	
	阻断 忙碌 动作 唤醒 情绪	
	阻断 忙碌 动作 唤醒 情绪	
	阻断 忙碌 动作 唤醒 情绪	
	阻断 忙碌 动作 唤醒 情绪	
	阻断 忙碌 动作 唤醒 情绪	
	阻断 忙碌 动作 唤醒 情绪	
	阻断 忙碌 动作 唤醒 情绪	
	阻断 忙碌 动作 唤醒 情绪	
	阻断 忙碌 动作 唤醒 情绪	
	阻断 忙碌 动作 唤醒 情绪	
	阻断 忙碌 动作 唤醒 情绪	
	阻断 忙碌 动作 唤醒 情绪	

日期	使用的钥匙	得分
	阻断 忙碌 动作 唤醒 情绪	
	阻断 忙碌 动作 唤醒 情绪	
	阻断 忙碌 动作 唤醒 情绪	
	阻断 忙碌 动作 唤醒 情绪	
	阻断 忙碌 动作 唤醒 情绪	
	阻断 忙碌 动作 唤醒 情绪	
	阻断 忙碌 动作 唤醒 情绪	
	阻断 忙碌 动作 唤醒 情绪	
	阻断 忙碌 动作 唤醒 情绪	
	阻断 忙碌 动作 唤醒 情绪	
	阻断 忙碌 动作 唤醒 情绪	
	阻断 忙碌 动作 唤醒 情绪	
	阻断 忙碌 动作 唤醒 情绪	
	阻断 忙碌 动作 唤醒 情绪	
	阻断 忙碌 动作 唤醒 情绪	